HCl + AgNO₃ = AgCl↓ + HNO₃

李帅◎主编

化学神探很忙

北方妇女儿童出版社

·长春·

图书在版编目（CIP）数据

化学神探很忙 / 李帅主编 . — 长春 : 北方妇女儿童出版社 , 2024.8

（少年博物）

ISBN 978-7-5585-8549-4

Ⅰ . ①化… Ⅱ . ①李… Ⅲ . ①化学－少儿读物 Ⅳ . ① O6-49

中国国家版本馆 CIP 数据核字 (2024) 第 103123 号

化学神探很忙

HUAXUE SHENTAN HEN MANG

出 版 人	师晓晖
策 划 人	师晓晖
责任编辑	姜晓坤
整体制作	北京华鼎文创图书有限公司
开　　本	720mm×787mm　1/12
印　　张	4
字　　数	45千字
版　　次	2024年8月第1版
印　　次	2024年8月第1次印刷
印　　刷	文畅阁印刷有限公司
出　　版	北方妇女儿童出版社
发　　行	北方妇女儿童出版社
地　　址	长春市福祉大路5788号
电　　话	总编办：0431-81629600
	发行科：0431-81629633
定　　价	45.00元

郝好运

民宿主人

赵教授

周记者

小羽

嘿！你好，我是郝好运，一个人如其名的好运女孩，也是个远近闻名的小神探。什么？你说你根本没听说过我，这怎么行？你可马上就要成为我的搭档了，有个全新的案件正等着我们呢。

标志性的双丸子头代表幸运的红色背带裤

在这次的案件中，你可能需要一点点化学知识。不过别担心，我贴心地为聪明的你准备了一本神探手册，相信它可以帮助你和我一起顺利破案，找出真相！

郝好运的神探手册

故事线

"我们的主角郝好运是个运气很好的小孩……"

现在，好运和妈妈正在前往温泉民宿的路上。车子很快抵达了目的地，好运看到有位士正在大门〇打扫卫生。"为什么如此有名的温泉民宿门〇会这么乱呢？"好运和妈妈心生疑惑。

不好意思，最近竞争对手来捣乱。

如果跟随故事线一步步阅读，你就能够清晰地了解到整个案件的起因、发展甚至结局。不要走马观花！一不留神，真相就会溜走！

停下！

特别提示，当你遇到这种特定颜色的色块时，意味着我们要开始还原真相了。现在，请仔细回忆之前的故事和你收集到的线索，尝试先做出自己的判断，再继续阅读。

线索提示

注意！如果你在本次推理中偶然遇到了下面这些物品，请特别留意，它们在案件中扮演着重要的角色。

神探笔记

快来看看我为你准备的这个特别板块！在这里，你将有机会深入了解现实生活中司法人员在追踪案件真相时所运用的真实科学侦查技巧，是不是很酷！

神探笔记

金属档案

你不明白这些是什么？没关系，这不重要，等到案件真相大白，你自然就知道了。

IV号档案
姓名　生物可降解金属
定义

II号档案
姓名　液态金属
定义　因为熔点低而在室温下呈液态的……

III号档案
姓名　金属纳米材料
定义　三……由……

I号档案
姓名　形状记忆合金
定义　具有一定初始形状，在低温下进行塑性变形、固定成另一种形状后再加热到某临界温度可以恢复初始形状的合金。

优势	用途与应用
形状记忆效应 超弹性 生物相容性 高阻尼性能 耐磨性 耐疲劳性	航空航天 建筑工程 机械工程 生物医疗 ……

好了，在正式故事开始之前，让我们先来热热身。

提问：真金不怕火炼，那真金怕什么呢？

当然是怕被人偷啦！

快跟上，故事要开始了……

1

3

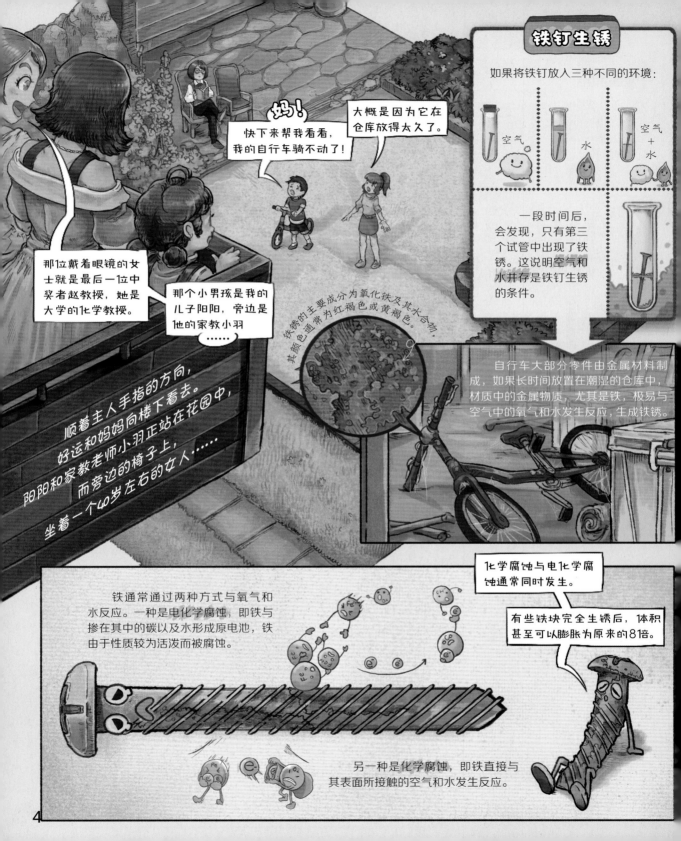

铁钉生锈

如果将铁钉放入三种不同的环境:

空气　　水　　空气 + 水

一段时间后，会发现，只有第三个试管中出现了铁锈。这说明空气和水并存是铁钉生锈的条件。

妈！

快下来帮我看看，我的自行车骑不动了！

大概是因为它在仓库放得太久了。

那位戴着眼镜的女士就是最后一位中奖者赵教授，她是大学的化学教授。

那个小男孩是我的儿子阳阳，旁边是他的家教小羽……

顺着主人手指的方向，好运和妈妈向楼下看去。阳阳和家教老师小羽正站在花园中，而旁边的椅子上，坐着一个40岁左右的女人……

铁锈的主要成分为氧化铁及其水合物。其颜色通常为红褐色或黄褐色。

自行车大部分零件由金属材料制成，如果长时间放置在潮湿的仓库中，材质中的金属物质，尤其是铁，极易与空气中的氧气和水发生反应，生成铁锈。

化学腐蚀与电化学腐蚀通常同时发生。

有些铁块完全生锈后，体积甚至可以膨胀为原来的81倍。

铁通常通过两种方式与氧气和水反应。一种是电化学腐蚀，即铁与掺在其中的碳以及水形成原电池，铁由于性质较为活泼而被腐蚀。

另一种是化学腐蚀，即铁直接与其表面所接触的空气和水发生反应。

小心！

如果被生锈的铁划伤，很容易感染破伤风。

这还不简单，我们用砂纸把铁锈打磨掉不就行了。

破伤风是由破伤风杆菌引起的急性疾病。破伤风杆菌广泛存在于泥土、铁锈或粪便中。当创口接触这些环境时，就会有破伤风杆菌感染的风险。

手动机械打磨

压缩空气喷洒沙子打磨

物理方式确实可以除去铁锈，但这通常比较费力，因此人们大多会选择化学方法——使用除锈剂。

除锈剂一般以几种酸溶液混合配制而成。针对不同的金属材料，配制方式也有所不同。

相比除锈，更省力的方法是提前防锈。隔绝水和空气中的氧气可以延缓金属生锈的速度。

车架通常采用刷漆的方式。

为了在防锈的同时保证美观，车把一般会选择镀铬。

在链条处涂油，既能有效防止生锈，又能起到润滑作用。

轮圈部位一般采用在表面主动生成氧化层的方法防锈，俗称"烤蓝"。

除了在金属表面镀铬以外，还可以直接将铬加入铁中，制成"不锈钢"，据说，这是英国人在制造武器时最先发现的。

你不要随便打扰别人！

妈妈，您的黄金项链要不要也一起除除锈！

不锈钢中的金属铬会抢先和氧气结合，形成氧化铬。氧化铬不会像铁锈那样疏松地覆盖在金属表面，而是会形成一层致密氧化膜，这层薄膜可以有效隔绝氧气，防止氧气与内部的金属铁发生反应。

在火山活动过的死火山地区，地底会存在还未冷却的岩浆。①

天然温泉根据形成原因，大致可以分为硫酸盐泉和碳酸盐泉两种。

③ 地下热水涌出后形成硫酸盐泉。

岩浆散发出的热能加热了存在缝隙的含水岩层。②

③ 热水在岩石裂缝处涌出地表，形成碳酸盐泉。

① 雨水降落后渗透进地表，形成富含二氧化碳气体的地下水。

② 地下水受下方地热烘烤，中间压力增加。

钙华景观

当溶解在地热水和蒸气中的有矿物质和矿盐在岩石缝隙或地表发生沉积，就会生成化学沉淀物——泉华。自然界中最常见的泉华包括硫华、硅华、钙华、盐华和金属矿物五大类。各式各样的泉华构成了多姿多彩的景观现象。

硫华景观

啊！为什么这里会有砖块！

对对对！很好看！1，2，3！茄子！

"我还烤了蛋糕，一会儿大家泡完温泉就可以吃了！"泡温泉时，民宿主人说道。听到这个消息，大家都非常开心，尤其是好运。但他们不知道的是，一场**意外**，正悄然发生。

当"存在可燃物""与足够浓度氧气接触""温度达到着火点"三个条件同时满足时，就会产生燃烧现象。

许多反应都需要一定量的能量才能启动，这就是为什么蜡烛只有在火柴靠近时才会被点燃。这种启动反应所需要的能量被称为活化能。一旦达到活化能，反应就可以在不需要帮助的情况下持续下去。

燃烧是可燃物和氧气发生的一种剧烈化学反应，通常伴随着发光发热现象，为人类生活带来了很大便利。

木材的燃烧从远古时期就开始为人们带来温暖。

闪光弹燃烧产生的耀眼光芒可以用作求救信号。

弹筒中弹药燃烧产生的高速膨胀气体可以将子弹从枪口中射出。

众人赶到门前，却发现火源似乎就靠近门口。火**越烧越旺**，直至吞没了落地窗的窗帘，而落地窗的另一边，是被大火吓到不敢动弹的阳阳。

我的孩子！

是小羽！

快！

救救阳阳！

到底在哪？

好在小羽来得及时，她一把将阳阳从门边抱开。与此同时，赵教授终于找到了**灭火器**，火势被控制住了。

咕噜噜……

咕噜噜……

正当众人松了一口气时，背后突然传来"扑通"一声。原来是周记者不知怎么掉进了温泉池里。

我只是想取点水来灭火呀……

灭火器可以喷射灭火物质，隔绝氧气，使燃烧停止。除了水基灭火器、干冰灭火器外，有些灭火器会借助酸碱溶液的化学反应发挥作用。

以水灭火

水通常是燃烧后的产物，水中的氢元素和氧元素在经历过燃烧的阶段后牢牢结合在一起，因此普通燃烧所提供的能量已经无法使它们分开，这便是水通常被用来灭火的原因。

燃烧

镁条等金属燃烧时，切记不能用水浇灭，因为其燃烧产生的能量足以使得水中的氢元素和氧元素分开，这会让火势变得更加不可控制。

酸碱灭火器

小苏打

硫酸

镁条燃烧时的火焰没有颜色，但很多金属或它们的化合物燃烧时，都会使火焰呈现出特殊的颜色，这在化学上被称为焰色反应。

当酸碱灭火器倒置时，其内部的硫酸和小苏打会发生中和反应，产生水和二氧化碳气体，扑灭火焰。

锂　　钙　　钠　　铜　　钾

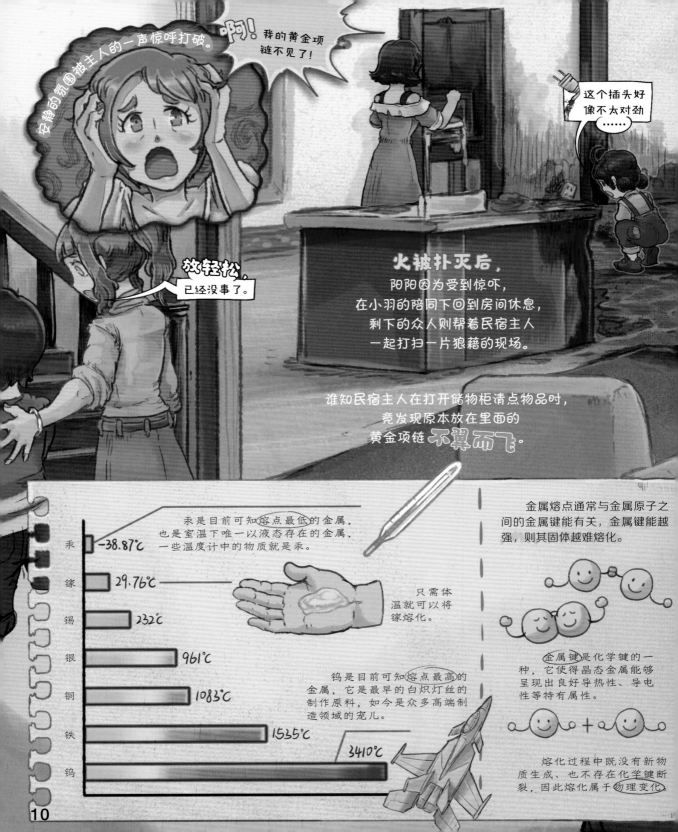

1062℃

熔点是在一定压力下物体固液转换呈现平衡时的温度。

这是什么？酒精消毒液吗？

不会是烧化了吧，这可是我最喜欢的一条项链。

难道"真金不怕火炼"是**假的**？

金的熔点为 1062℃，这意味着当周围温度达到 1062℃ 时，金会从固态转化为液态。

"真金不怕火炼"并不是指火无法烧化金子，而是指金的化学性质稳定，即使在加热的状态下也不会被空气中的氧气氧化。

所以金子在一般情况下也不会生锈，

快把除锈剂放下！

很多金属虽然熔点高，但由于化学性质不稳定，在高温条件下便会发生反应，产生新物质。

铁和氧气在高温条件下生成四氧化三铁，是一种常见的磁性材料。

铜和氧气在高温条件下生成氧化铜，常被用于玻璃着色剂。

打火机火焰最高温度 1000℃。

蜡烛点燃瞬间可达 2500℃。

吹风机热风最高温度 120℃。

这种小范围短时间的火灾，温度根本不会达到金的熔点！而且就算达到了，金也不会凭空消失，所以项链一定是被现在民宿里的某个人拿走了！

？！

？！

？！

没错！我已经报警了，相信警察一定会找出这个"意外事件"的真相。

会不会是新闻里那个黄金大盗来过了？

那他也太神了吧！

确实有点……

其实……

如果项链被我们中的谁拿走了，他会放在哪呢？

？！

其实……

不会吃下去了吧！

其实我看到了！

？

正当众人热火朝天地讨论着黄金项链失踪的可能原因时，火灾后便沉默寡言的阳阳突然开口了。

这个鸡翅味道不太对。

火灾之前，我在院子里的时候看到有人从温泉那边进来，在储物柜附近停留了一会儿然后上楼了！

不过，我没看清他是谁……

 金箔 是指经过一定手段加工延展出的极薄片状或粉状金。

随着人们生活品质的逐步提高，近年来，为食物"穿金戴银"成了一种潮流，金箔巧克力、金箔冰激凌等食品热度持续升高。

实际上，出于食品安全和营养价值考虑，中国食品安全法律法规及食品安全规定中明确指出：金箔不属于食品添加剂，更不是食品原料，不能用于食品经营生产。

澳大利亚地质学家发现过一种名为 耐金属贪铜菌 的细菌，它身体里的酶可以"吃下"自然界中分散的金子后凝聚成金块。

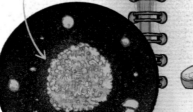

金箔无法被人体吸收，因此食用后会被直接排出体内，但并不是所有金属元素都是这样。我们身体中含有一些需求量很少又十分必需的金属元素，它们被归类于人体微量元素。

锌 是合成胰岛素所必需的金属原子。

铁 可以协助血红蛋白输送氧气。

人体微量元素还有硒、硼等非金属元素。

硒 可以清除体内有害的过氧化物。

听了阳阳的话，众人开始回忆。
如果说在泡温泉时有机会把黄金项链拿走的，
那就只有……

等等？！我是中途出去了一趟，但我那是为了上楼拿相机给大家拍照留念呀！

算了，如果你们不相信的话，那就去我房间搜吧，我真的是无辜的！

顾不上吃饭，
为了证明自己的**清白**，
周记者带着众人
去了他的房间。

谁知刚打开房门，
大家就看见房间内单人床的枕头下面，
有什么东西正散发着**耀眼的光芒**。

还有些金属难以被生物降解，会在人体内积累。当这类金属含量超出人体耐受限度时，就会造成重金属中毒。

长期使用不正规化妆品可能导致汞中毒。

Hg

接触不合格玩具可能导致铅中毒。

Pb

频繁接触工业废水可能导致铬中毒。

Cr

这不是我的项链吗？

怎么会这样？！

你确定你火灾前看到的那个人进来后什么也没干，

是的！
我确定！

直接走到储物柜那里了吗？

13

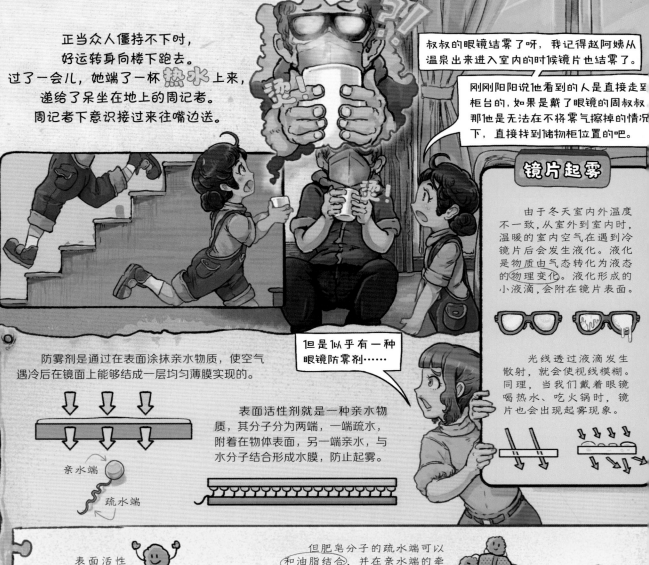

正当众人僵持不下时，好运转身向楼下跑去。过了一会儿，她端了一杯**热水**上来，递给了呆坐在地上的周记者。周记者下意识接过来往嘴边送。

叔叔的眼镜结雾了呀，我记得赵阿姨从温泉出来进入室内的时候镜片也结雾了。

刚刚阳阳说他看到的人是直接走至柜台的，如果是戴了眼镜的周叔叔那他是无法在不将雾气擦掉的情况下，直接找到储物柜位置的吧。

镜片起雾

由于冬天室内外温度不一致，从室外到室内时，温暖的室内空气在遇到冷镜片后会发生液化。液化是物质由气态转化为液态的物理变化。液化形成的小液滴，会附在镜片表面。

光线透过液滴发生散射，就会使视线模糊。同理，当我们戴着眼镜喝热水、吃火锅时，镜片也会出现起雾现象。

防雾剂是通过在表面涂抹亲水物质，使空气遇冷后在镜面上能够结成一层均匀薄膜实现的。

但是似乎有一种眼镜防雾剂……

表面活性剂就是一种亲水物质，其分子分为两端，一端疏水，附着在物体表面，另一端亲水，与水分子结合形成水膜，防止起雾。

亲水端

疏水端

表面活性剂的另一作用是清洁，以肥皂为例。

但肥皂分子的疏水端可以和油脂结合，并在亲水端的牵引下脱离皮肤。

① 含有脂肪或蛋白质的油脂粘于皮肤时难溶于水，难以清洁。

② ③ 被肥皂分子抓住的油脂既无法继续附在皮肤表面，也无法与其他油脂结合，因此用水一冲就会被带走。

除眼镜外，车辆的挡风玻璃、灯具等也会起雾，给生产生活带来巨大安全隐患，因此开发防雾材料意义重大。

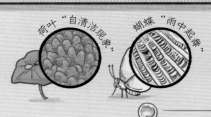

荷叶"自清洁现象"

蝴蝶"雨中起舞"

除亲水表面外，科学家们还从大自然中每天与水汽斗争的动植物身上学到了新方法——制备超疏水表面。这种材料通过使水滴从表面弹开，无法长时间停留来防止雾气产生。

那刚刚周记者的眼镜又结雾了，这是不是能说明他没有使用过防雾剂呢？

但是这类防雾剂有很大的缺点。

防雾剂分子只是轻轻附着在物体表面，如果遇到纸巾或纱布的刮擦就会脱落，因此这种防雾手段很容易失效。

对！我就是对面那家民宿的老板。

周记者……不，周老板在这条街也有一家民宿，那原本是这附近唯一的民宿。

"唉……"周记者见无法解释，只能摘下他的墨镜和口罩。
见到"周记者"长相后，民宿主人大吃一惊，手上的项链也失手摔在了地上。

但这个局面在民宿主人一家搬来后被打破了。

"不能再坐以待毙了！"
从天而降的中奖券给他送来了机会。

偷偷潜入民宿后……

他将虫子尸体扔到前台，却被主人提前发现后打扫了。

我说怎么会有虫子！害得我喷了一大瓶酒精消毒液。

一计不成，他又趁大家泡温泉时偷偷将糖和盐交换了罐子。

娃怪！刚才的炸鸡翅是甜的！

那如果，再加上这条项链是假的呢！

等等！虽然他承认了这些，但不能证明项链不是他偷的吧……

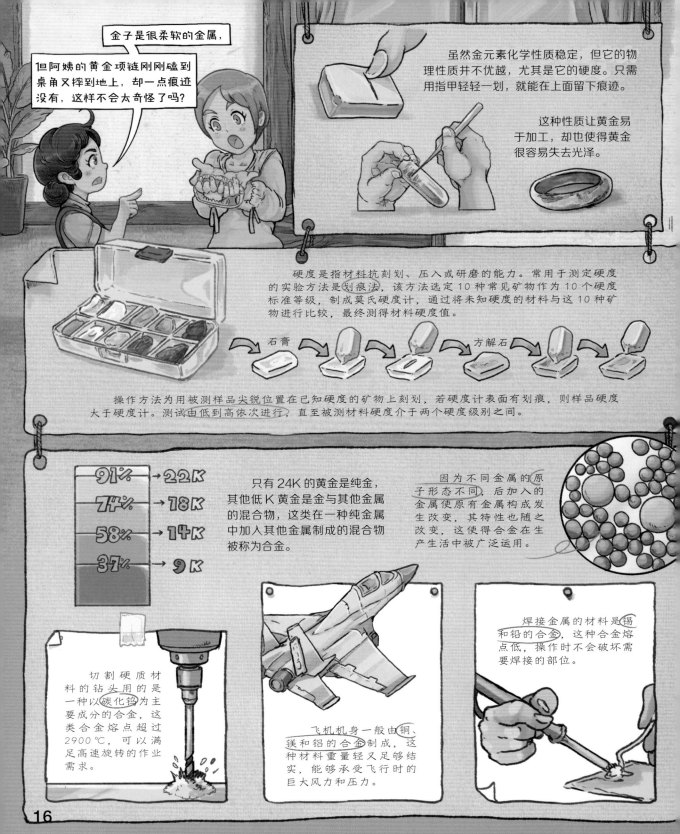

金子是很柔软的金属，

但阿姨的黄金项链刚刚磕到桌角又摔到地上，却一点痕迹没有，这样不会太奇怪了吗？

虽然金元素化学性质稳定，但它的物理性质并不优越，尤其是它的硬度。只需用指甲轻轻一划，就能在上面留下痕迹。

这种性质让黄金易于加工，却也使得黄金很容易失去光泽。

硬度是指材料抗刻划、压入或研磨的能力。常用于测定硬度的实验方法是划痕法，该方法选定 10 种常见矿物作为 10 个硬度标准等级，制成莫氏硬度计，通过将未知硬度的材料与这 10 种矿物进行比较，最终测得材料硬度值。

石膏　　　　　　方解石

操作方法为用被测样品尖锐位置在已知硬度的矿物上刻划，若硬度计表面有划痕，则样品硬度大于硬度计。测试由低到高依次进行，直至被测材料硬度介于两个硬度级别之间。

91% → 22K
74% → 18K
58% → 14K
37% → 9K

只有 24K 的黄金是纯金，其他低 K 黄金是金与其他金属的混合物，这类在一种纯金属中加入其他金属制成的混合物被称为合金。

因为不同金属的原子形态不同，后加入的金属使原有金属构成发生改变，其特性也随之改变，这使得合金在生产生活中被广泛运用。

切割硬质材料的钻头用的是一种以碳化钨为主要成分的合金，这类合金熔点超过 2900 ℃，可以满足高速旋转的作业需求。

飞机机身一般由铜、镁和铝的合金制成，这种材料重量轻又足够结实，能够承受飞行时的巨大风力和压力。

焊接金属的材料是锡和铅的合金，这种合金熔点低，操作时不会破坏需要焊接的部位。

好像确实是这样！

我记得我的项链昨天刚在洗手间磕出了划痕，但这条项链上并没有。

主人的话印证了项链是假的这一事实。的确，如果周老板偷了项链，是没有必要再用假项链引起大家注意的。

好运的目光在三人之间来回扫视……
一定有哪里不太对劲！

我知道了！

啊！

接下来只需要让他/她自己露出马脚。

没关系呀，反正这条项链目前只有阿姨和阳阳碰过，等警察一到，再拿着厉害的喷雾一喷，如果上面出现其他指纹，小偷儿是谁不就水落石出了吗？

什么？！

就是你了！

指纹是手指指尖隆起及凹陷的线形成的纹路。每个人的指纹各不相同，因此在犯罪现场，指纹是调查案件的关键线索。

分叉点
损伤点
环点
短纹

神探笔记

面对犯罪现场可能留有指纹的对象物，可以选择用刷子或毛笔蘸取粉末，沿着指纹脊线描摹，从而使指纹显现。粉末一般使用银白色的铝粉或黑色的碳粉。

在沾有指纹的物体上喷洒或涂抹茚三酮溶液，茚三酮会和指纹中的氨基酸发生反应，显现出紫红色的指纹印记。

将碘加热处理成碘蒸气后倾倒在被检测物上，被检测物体上的指纹会呈现黄褐色，这是碘与指纹中的脂肪酸发生了反应。

哎哟！

没事，我只是觉得，既然假项链是在这里找到的，

查一查谁来过不就行了，不用再查指纹了吧……

如果没有去过温泉，那您的银镯子为什么会几个小时就变黑呢？

我看您是怕上面检验出您的指纹吧！

跟跑了几步

像是被什么吓到了一样，小羽向后跟跑了几步，之后被摆在地上的行李箱绊倒，摔在了地上。

你们泡温泉的时候我可是去商店了，怎么可能去偷项链？

泡温泉时需要将身上的金属饰品取下，尤其是银饰，因为温泉中的硫离子会在银饰表面硫化出黑色的硫化银。

即使不接触温泉水，贴身携带的银饰上也会缓慢地出现黑色硫化银。这是由于人体内的蛋白质中含有硫元素，排出后与银饰发生氧化反应造成的。

第6页的时候我就提醒过大家进入温泉前要将金属饰品放进储物柜。

你还好意思说，扔虫子的事我还没和你计较呢！

然后就丢了。

女士，不给孩子买一个能吸收身体毒素的小手镯吗？

看我这个上面，黑色的都是吸出的毒素！

这是硫元素随着汗液被人体排出所致，与身体好坏可没有关系。

银针试毒

硫化银生成后，常规的加酸方式很难将其除去，因此需要借助一些特殊的手段。

古时候大名鼎鼎的"银针试毒"也与硫元素有关。古时的毒药一般为砒霜。受制于当时的提纯条件，砒霜里会混有大量硫。银针会与硫发生反应，因此银针便成了当时的验毒之物。

①

②

可以将碎铝箔或锡箔在小苏打溶液或盐水中浸泡，随后将待处理的纯银饰品放在溶液中加热。

将纯银饰品浸泡在碳酸饮料中也可去除硫化银。

别乱说，小羽不是这种人！

所以阳阳看到的人影是小羽吗？

但她救阳阳的时候确实是从楼上跑下来的！

对，而且她身上湿漉漉的。

那第一个池子里的垃圾……

不要随便冤枉人，

直接问问商店店长，看看小羽有没有去不就行了？

18

高温着色是近年来兴起的一种青铜器表面着色技术，通过一边上着色液一边加热的方式使铜器表面呈现出丰富多彩的颜色。

在(加热)的情况下，铜会与着色液发生化学反应，其表面便会生成带有颜色的化合物薄膜。不同化合物或同种化合物的不同厚度膜层均可呈现不同颜色。

硫化钾　硝酸铁

硝酸铜

钻石的主要成分是碳。

铅笔芯的主要成分也是碳。

由单一化学元素组成，但性质各不相同的单质被称为同素异形体。

一周前的实践课上……

珍珠看起来光滑闪耀，其实它与包裹着它的外壳由同一种物质——碳酸钙组成。

当元素的(晶格排列)(不同)，即使组成成分一致，表现出的形态与性质也不同。

方解石

软体动物外壳大多由晶格排列稳定的(方解石)组成，而内表面和里面的珍珠质则是由耐受性更强的(文石)组成。二者成分一致，但晶格排列不同。

文石

不用问了！是我！假项链是我用铜丝仿制出来的！

①

②

③

金属蚀刻是在金属表面创造肌理的常用方法。首饰制作中通常运用这种方法让金属表面呈现文字或图案。

将金属表面用防腐蚀物质覆盖后放入蚀刻液，没有被覆盖的部分就会被酸蚀出现凹陷，显现肌理。

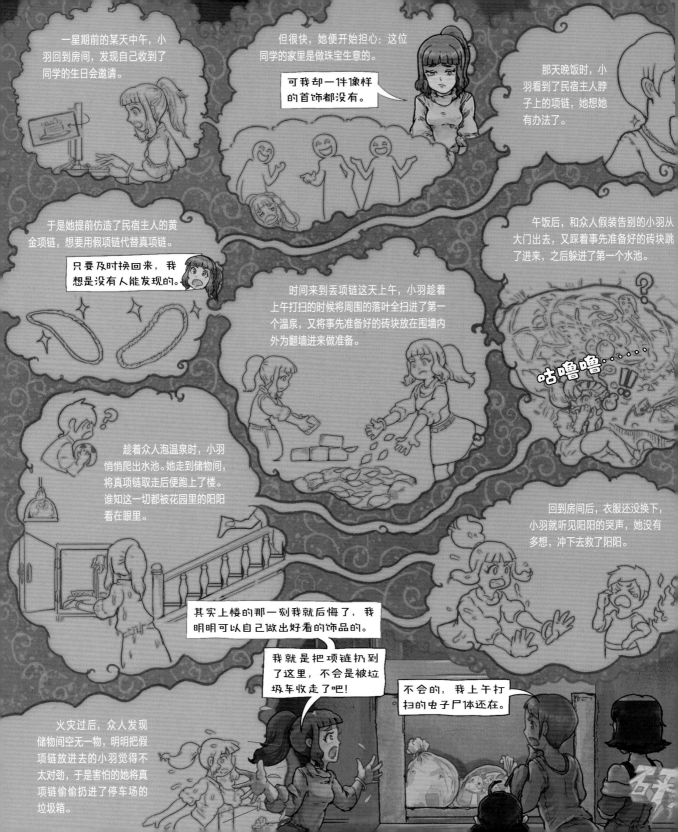

一星期前的某天中午，小羽回到房间，发现自己收到了同学的生日会邀请。

但很快，她便开始担心：这位同学的家里是做珠宝生意的。

可我却一件像样的首饰都没有。

那天晚饭时，小羽看到了民宿主人脖子上的项链，她想她有办法了。

于是她提前仿造了民宿主人的黄金项链，想要用假项链代替真项链。

只要及时换回来，我想是没有人能发现的。

时间来到丢项链这天上午，小羽趁着上午打扫的时候将周围的落叶全扫进了第一个温泉，又将事先准备好的砖块放在围墙内外为翻墙进来做准备。

午饭后，和众人假装告别的小羽从大门出去，又踩着事先准备好的砖块跳了进来，之后躲进了第一个水池。

咕噜噜……

趁着众人泡温泉时，小羽悄悄爬出水池。她走到储物间，将真项链取走后便跑上了楼。谁知这一切都被花园里的阳阳看在眼里。

回到房间后，衣服还没换下，小羽就听见阳阳的哭声，她没有多想，冲下去救了阳阳。

其实上楼的那一刻我就后悔了，我明明可以自己做出好看的饰品的。

我就是把项链扔到了这里，不会是被垃圾车收走了吧！

不会的，我上午打扫的电子尸体还在。

火灾过后，众人发现储物间空无一物，明明把假项链放进去的小羽觉得不太对劲，于是害怕的她将真项链偷偷扔进了停车场的垃圾箱。

砰！

砰！

砰！

身后突然传来阵阵声响，
原来是远处天空炸开了绚丽的烟花，
朵朵烟花还组成了各种各样的图案。
哦，差点儿忘了！
今天晚上原本是要去看烟花大会的，
没想到会发生这种事。
算了，在这里看看也不错，
剩下的事情，
就交给明早到来的警察吧。

嗯？

谁在那？

喵……

十几秒前……

效果药由发光剂和发色剂组成。其中发光剂通常为化学性质活泼的金属，而发色剂则大部分使用高温下可以分解的金属盐类。

黑火药是由硝酸钾、硫黄、木炭混合而成的异质火药，因燃烧后产生大量烟雾，又称"烟火药"。

点燃了！

快跑！

开包药被导火管点燃，炸开外壳使效果药散开。

不同排列形式的效果药会使烟花呈现不同的形状。

导火管点燃发射药，将效果药球推至空中。

烟花主要由提供动力的发射药、炸开外壳的开包药和负责造型的效果药组成。其中发射药和开包药一般为黑火药，其内部的氧化反应可以产生气体，放出大量热。

气动效应、发烟效应和声响效应是烟花燃烧的三大效应，可以使烟花呈现旋转、起烟、发声等特殊效果。

我知道！
故人西辞黄鹤楼，
烟花三月下扬州
……

这句诗里的烟花指的是江南美景，才不是我们燃放的烟花。

21

第二天一早，警察便来到了民宿。
调查现场并了解情况后，
警察决定将周老板和小羽留下继续调查，
其余人则可以自行离开。
离开前，民宿主人对没有给大家带来良好的体验表达了歉意。

① 在镜子出现以前，人们都是以水照面。早在远古时期，人们便会使用陶盆盛水照出自己的样子。

② 青铜铸造技术被发明后，再加上磨制技术的成熟，青铜镜出现了。在中国的历史中，铜镜的使用年代非常久远。

③

取雕模　造型　填沙　　脱模　浇注合金　打磨抛光

文艺复兴时期，威尼斯人开始尝试用水银溶解锡箔，然后将形成的银白液体倒在玻璃上制镜。法国凡尔赛宫中的镜子便大多为水银镜，但这种方法效率低且不安全。

双面镜陷阱

有一类镜子，它从一面看是正常镜面，从另一面看却是透明玻璃。这是因为这种镜子镜面上镀了一层能透过部分光线的金属薄膜。

当镜子两边一明一暗时，处于亮处的人看到的是自己这边被反射回来的光。

处于暗处的人看到的则是透过薄金属膜从外面透进来的光。

氨水　乙醛　水浴加热　Ag

硝酸银

④ 1835 年，德国化学家莱比格发明了化学镀银法，利用银镜反应制成了我们现在所使用的镜子。

银镜反应结束后，试管壁上会出现银白色物质，这便是乙醛将硝酸银里的银离子还原成了金属银，沉淀在玻璃壁上的结果。

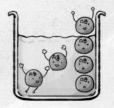

为了节约成本，有些镜子会用镀铝代替镀银。在真空中制成铝蒸汽，使其凝结在玻璃表面并形成一层铝膜，从而具有反射的功能。

22

突然一阵风吹过，
好运妈妈感到眼睛一阵刺痛。
"快看看是不是进沙子了！"
赵教授递来一面小镜子。

啊！

对不起！

不能小心
一点儿吗？

颜色是通过眼、脑和人类生活经验所产生的一种对光的视觉感受，那镜子应该是什么颜色呢？

是银色吗？

由于镜子背面镀有银色金属，因此人们常常会将金属的颜色错认为是镜子的颜色。

那是白色的吗？

一面光滑的镜子就像白色物体一样可以反射所有颜色的光，因此有些科学家会将其描述为"智能的白色"。

其实是绿色。

镜子的反射能力是由硅、钠、钾、银等化学成分组成的反光涂层赋予的，其吸收绿光的能力最弱。若将两面镜子相对放置，使其之间不断反射，就会看到明显的绿色。

真的对不起，我能做些什么吗？

赵教授一反之前冷静的形象，
一边大声呵斥一边将碎片捡起装进口袋。
好运妈妈手足无措，十分愧疚。
而赵教授或许也意识到
自己过于激动了。

没关系，我主要怕划伤你们。

开车回去的路上，
好运妈妈还在想着，
之后要准备些礼物给赵教授。
她正想着这件事，
前面的车突然停了下来，
好运妈妈来不及刹车，
一下撞了上去。

妈妈

看前面！

今日，警方已进一步掌握有关黄金大盗的线索。据悉，警方在一受害者家中找到了未知毛发。该毛发长度中长，目前正在进行进一步检验……

难道不是我的颜色就是镜子的颜色吗？

明明是你突然停车，行车记录仪可都拍下来了！

还好有行车记录仪
……

看着妈妈在外面
和前车车主争论着什么，
好运连忙解开安全带，
探头向前看去。

等等？！

行车记录仪！

23

交警很快来到现场。查看完好运妈妈车内的**行车记录仪**，
交警了解了事情经过。经调解，双方最终达成和解。
回到车里，好运和妈妈将记录仪时间**调回昨天**，屏幕上很快出现了画面。

11:28:31

11:33:42

16:05:12

16:10:32

人烟稀少的街心花园……

失窃的老旧小区……

几乎倒闭的商场……

竟然是她！

重新联系了负责这个案件的警官后，
好运和妈妈也驱车赶往赵教授任职的学校。
行驶在路上时，她们才发现大部分
案发现场都在赵教授的在职学校附近。

化学实验楼

取用粉末或细小块状药品
时，一般使用**药匙或纸槽**。

取用较大块状颗
粒时，需使用**镊子**。

当液体试剂用
量较大时，可选择
直接倾倒。

若用量较少，可
以使用滴管滴取，但
需注意滴管不要碰到
容器壁。

实验室守则

1. 严格遵守操作守则，保护自己和他人安全。

2. 食物和饮料禁止出现在实验室内。

3. 实验完成后，需按照要求正确处理相关化学试剂。

4. ……

试管

实验常用仪器，可作为少量试剂的反应容器，也可用于收集气体。

烧杯

简单化学反应最常用的反应容器，还可用于配置溶液。

圆底烧瓶

适合反应物较多、需较长时间加热且有液体参加的反应。

外焰
内焰
焰心

酒精灯火焰分为三层。最外层火焰温度较高，通常用于加热。

为固体加热时，试管口应稍微向下倾斜，以免加热时产生的液体倒流至试管底部，使之破裂。

45°

为液体加热时，试管应与桌面呈45°左右，试管口不可对着自己或者他人。

熄灭酒精灯时需用盖帽盖两次，防止盖子由于气压原因被吸住。切忌用嘴吹灭酒精灯。

氧化类物质：本身不一定燃烧，但通常能分解释放氧气或引起氧化反应使其他物质燃烧的化学品。如可溶于水的亮紫色晶体高锰酸钾。

腐蚀类物质：通过化学作用使生物组织接触时造成严重损伤，或在渗漏时会严重损坏其他物质的化学品。如性质不稳定，需现配现用的橙黄色溶液王水。

毒性物质：进入机体后，能与体液组织作用，扰乱机体正常功能的化学品。如具有杏仁味的白色或无色晶体氰化钾。

啊？

你们怎么会过来？镜子的事真的不用在意的。

王水是浓硝酸和浓盐酸按体积比1：3混合而成的溶液。浓硝酸和浓盐酸均不能单独将金单质溶解，但其混合物可以将金单质还原为金离子。

1:3
HNO₃
HCL

② 浓盐酸提供的氯离子可以与这些微量金离子发生反应。

① 浓硝酸是一种氧化性极强的溶液，可以溶解极微量的金单质。

③

金离子的减少会促进硝酸与金单质的反应，使金单质被逐步溶解。

④

加入铜单质后，四氯金酸溶液和铜单质发生置换反应，溶液中的金离子又变回金单质。

置换反应是四大基本反应之一，是指由一种单质和一种化合物反应，生成另一种单质和另一种化合物的反应。

$$A + BC = AC + B$$

置换反应遵循金属活动性法则，即活动性强的金属会把活动性弱的金属从它们的盐溶液中置换出来。经过不断的实验与分析，科学家们归纳总结出了常见金属在溶液中的金属活动性顺序表。

钾 钙 钠 镁 铝 锌 铁 锡 铅 氢 铜 汞 银 铂 金
K Ca Na Mg Al Zn Fe Sn Pb H Cu Hg Ag Pt Au

强 → 弱

是不是觉得我在这里很奇怪？

通过了解金属活动性顺序，我们可以对很多反应做出判断与预测。比如判断金属是否会和某种盐溶液发生反应。

金属活动性顺序表中的"氢"其实代表酸，只要在氢前面的金属，一般均可与酸溶液发生置换反应。

锌与稀硫酸反应剧烈，能够产生大量气体。

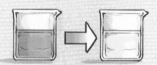

锌的金属活动性在铜之前，因此铜会被锌从硫酸铜溶液中置换出来，溶液从蓝色变为无色。

赵教授只能接受自己已经暴露的事实。她慢慢从警察手中取过**假的黄金项链**，放进了那瓶王水中。

只见铜质假项链越来越小，最后完全消失，而瓶底却出现了一层**厚厚的金泥**，经过称重后，其重量与丢失的金项链相差不大。

"明明是大学教授，
为什么会盯上
这根细细的黄金项链呢？"
民宿主人十分不解。
还没等赵教授回答，

叮铃铃！叮铃铃！

电话声突然响起。

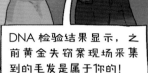

DNA 检验结果显示，之前黄金失窃案现场采集到的毛发是属于你的！

案发现场残留犯人毛发的概率很高。虽然外表看只是细细一根，但毛发却能在调查案件时成为重要物证。

神探笔记

毛小皮：位于毛发表面。观察表面鳞状纹路可以区分出人和动物的毛发。

髓质层：位于毛发中心。很多细毛不含毛髓质。毛髓质很容易出现个体差异。

皮质层：占毛发整体的 90%，能够决定毛发的形状。

动物

人

毛发可以用来进行血型鉴定。只需要将 3~4 厘米长的毛发洗净后捣碎压扁，使其露出内部组织。之后分别放入含有抗 A，抗 B，抗 H 的血清试管中，观察其凝聚反应。

毛干

毛根

抗A　抗B　抗H

如果毛发是被拔掉的，毛发根部有很大概率会附有毛根细胞。遇到这种情形时可以通过 DNA 鉴定识别毛发主人。

现在全世界运用最多的 DNA 检验手段是"复合 STR 法"，它是通过检测 DNA 上以 2~6 个碱基对为一个单位且重复多次的"微卫星 DNA"基因座实现的。用遗传分析仪读取并分析多个这类基因座可以有效区分个体。

人的身体里大约有 60 万亿个细胞，承载遗传信息的 DNA 大部分位于细胞核内的染色体中。DNA 中共有 4 种碱基，碱基排列方式的不同决定了遗传信息的不同。

基因座是 DNA 片段固定在染色体上的位置。如果将基因座理解为电影院的座位，那么相应的 DNA 片段就是对号入座的不同观众。

DNA 是生物遗传物质的载体，每个个体的 DNA 不同，因此可以凭借 DNA 精准地识别出每个个体。

原来赵教授就是黄金大盗!

不知从什么时候起,赵教授发现自己对黄金的痴迷已经开始不受控了。

去民宿的那几天,赵教授原本没有打算动手的,但当看到民宿主人项链散发出的耀眼光芒时,她还是忍不住了。

在大家将注意力放在火灾上时,她趁机将储物柜中的黄金项链取走。

回到房间查看时,她才发现这条项链是假的。

为了避免惹祸上身,她急忙将项链藏进了周老板的房间。

看吧!我都说了很多遍了,我真的不知道项链为什么会在我这里。

晚饭前,她透过楼梯间的窗户看到小羽鬼鬼祟祟地将什么东西扔进了垃圾箱。

等小羽离开后,她便在垃圾箱旁发现了真正的黄金项链,但这一切都已经被行车记录仪拍了下来。

晚饭时,听到大家的讨论,她意识到自己可能被发现了。于是她将计就计,使周老板引起了大家的怀疑。

到了晚上,趁着大家看烟花时,她悄悄离开。借着烟花声音的掩护,她用石头将黄金项链砸成薄片藏在了镜子后面。

第二天镜子不小心被好运妈妈摔碎,她意识到计划可能已经被发现,于是回到学校匆匆用王水处理了黄金项链。

其实我什么都看见了!

一行人跟着赵教授来到了一间废弃的储藏室旁,当许久未被人注意到的房门被打开后……

哇!

那你为什么要放火呢?

我从来只偷黄金,不会伤害人。

29

那这是怎么回事呢？
民宿主人开始细细地回忆起当天发生的事……

接待大家的那天早上，我在一楼发现了很多小飞虫。

没错 就是我放的那些。

清扫完虫子尸体后，民宿主人用酒精消毒液将一楼里里外外处理了一遍，直到空气中到处弥漫着酒精的味道。

但烤箱的电线由于电流浪涌吹出了缺口，在启动不久后就冒出了火花。

不一会儿，客人们全部到齐。民宿主人启动了烤箱便带着大家去了室外温泉。

阳阳！
阳阳！

火花点燃了屋内还未完全挥发的酒精。就这样，火势一直延伸到地毯、沙发，火越烧越大……

酒精，学名乙醇，常温常压下处于易燃易挥发的无色液体状态。

酒精蒸气比空气重，能在较低处扩散到较远的地方，与空气形成爆炸性混合物，遇明火、高热时便会出现燃烧爆炸现象。燃烧时发出蓝色火焰。

酒精
常用于消毒杀菌。

原来是我大意了，明明前段时间还在电视节目上看到过这样的科普，结果还是忘记了。

还要避免大面积喷洒，如需消毒，尽量选择小面积擦拭的方式即可。

除了酒精燃烧外，你们还遇到过哪些离奇的燃烧事件呢？

之前看到过一则运输铁屑的货轮在运输过程中突然起火的新闻。

……

因此家里存放酒精时应选用密封容器，尽量远离火源和电源。

上个月在小区停车场，有一辆车突然就烧起来了，

罪魁祸首据说是一只打火机。

自燃现象是指可燃物在空气中没有外来火源的作用，仅靠自热或外热发生燃烧的现象。可分为受热自燃和本身自燃两种。

受热自燃是指可燃物被外部热源间接加热，达到一定温度时，没有与明火直接接触就发生燃烧的现象。

打火机中含有液态丁烷等物质，这些液体长时间暴晒后会使打火机内部压力增加，从而产生爆炸自燃现象，引起车辆燃烧。

本身自燃是指某些可燃物质在没有外来热源作用的情况下，由于其内部的化学过程产生了热量，热量却无法散发而导致的自燃现象。

在货运过程中，部分颗粒比较小的铁屑在与空气接触的过程中发生了氧化反应，同时放出大量热。反应产生的热量聚集在一起又没能及时散发，铁屑便出现了自燃现象。

小时候听大人说不要靠近墓地，不然会被"鬼火"缠住。

"鬼火"实际上是磷燃烧时产生的。人体骨骼中含有磷酸钙，它在缺乏氧气的时候会转化为磷化钙，磷化钙遇水变为磷化氢。磷化氢气体燃点低，因此很容易燃烧，发出绿色光芒。

人在遇到磷火时，会因恐惧而奔跑。磷火很轻，因此也会被带着移动，就产生了鬼火追人的错觉。

随着警车的声音越来越远，
案件的侦破也渐渐到了尾声，走出那间实验室后，
好运被门口的炼金术士画像所吸引。

嘭！

化学这门学科最开始就是起源于人们对于金子的追求。

又失败了……

再那样……

最后就一定能……

让我看看……

只要先这样，

化学这门学科的历史可以追溯到约五千年前的古埃及时代。古埃及人在数千年前就熟练掌握了冶炼金属、制造玻璃、制备燃料等技术，这为化学的发展打下了技术基础。

当古埃及的工艺与古希腊哲学思想发生碰撞时，最早的炼金术出现了。

宇宙万物都是由气、土、水、火四种最基本的元素组成的。

以亚里士多德的思想为主导，炼金术士们认为只需要调节四种元素的比例就能使一种物质变成另一种物质。

除此之外，他们还认为：

① 金是最完美的金属。

② 金和植物一样可以从地底长出来。

③ 存在一种点金石，可以将一种物质直接变为另一种物质。

快看

我变出了一个小女孩！

为了保护成果，炼金术士们通常会对秘方守口如瓶，同时用独特的图案来为秘方加密，有些炼金术士还会专门设计只有自己才能看懂的密语。

配方是什么来着？

气　土　水　火

铁　汞　锡　铅

烧瓶

三角锅

烧瓶

炼金术从希腊传到阿拉伯，又传到罗马、英国、德国等西方欧洲国家。到了1300年左右，几乎整个欧洲大陆的炼金术士都开始在烟雾缭绕的小房间里研究点金石。

当然，炼金术士们最后也没能将普通金属变成金子，但他们得到了很多颇有价值的发现。这些发现增进了人们对于自然界的认识，为近代化学的发展做出了突出贡献。

"这是什么？"

"我成功了吗？"

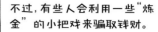

不过，有些人会利用一些"炼金"的小把戏来骗取钱财。

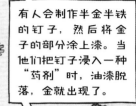

有人会制作半金半铁的钉子，然后将金子的部分涂上漆。当他们把钉子浸入一种"药剂"时，油漆脱落，金就出现了。

有些炼金术士在研究的过程中发现了新物质，比如炼金术士波义耳认为人的尿液和黄金都是黄色的，于是收集了整整50桶尿液试图炼金。虽然到最后也没有炼出黄金，但他发现了可以燃烧的元素磷。

有人会在容器底部放上一层金粉再封上一层蜡，在将容器加热的同时倒入药水，等蜡熔化，金粉便会出现。

有些炼金术士利用炼金术加工出了对人类有益的产品，比如炼金术士帕拉切尔苏斯便将炼金术与医学结合，开辟了炼金术新方向。

有人会哄骗他人将金子密封在号称等待几星期便能"生金"的神奇罐子中，然后找时机将金子偷走逃跑。

还有些炼金术士研究出了从矿石里分离黄金、制作不掉色的新燃料、从醋和酒中提取强酸等技巧。

好运，你长大后可不要成为贪婪的人。

好运要做大侦探！

"化学这门学科最开始便起源于人们对黄金的追求，而现在赵教授又因为对金子的执念而断送了未来。"好运妈妈惋惜地叹了口气。

当然，好运才不会，

这是一根弯曲的形状记忆合金金属丝，在火苗的炙烤下，它渐渐呈现出笔直的姿态，而用同样的温度对普通曲别针进行加热时，这种变化却没有出现，这便是形状记忆合金特有的形状记忆效应。

所有的物质都是由原子组成的，原子的排列方式被称为"相"，排列方式发生改变则被称为"相变"。

对于形状记忆合金来说，当温度较低时，原子交叉排列，这种"相"被称为单斜晶系排列，科学家们更倾向于把它称为马氏体。受热后，原子们就会变为立方晶体排列，科学家们称之为奥氏体。大部分形状记忆合金都是通过马氏体相变而呈现形状记忆效应的。

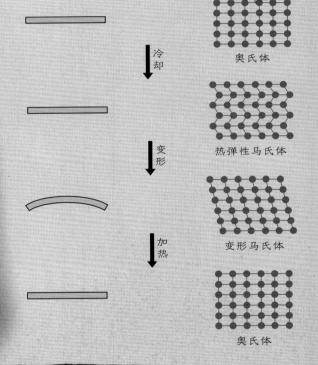

奥氏体

↓ 冷却

热弹性马氏体

↓ 变形

变形马氏体

↓ 加热

奥氏体

|号档案

姓名	形状记忆合金	
定义	具有一定初始形状，在低温下进行塑性变形，固定成另一种形状后再加热到某临界温度可以恢复初始形状的合金。	
	优势	**用途与应用**
	形状记忆效应 超弹性 生物相容性 高阻尼性能 耐磨性 耐疲劳性	航空航天 建筑工程 机械工程 生物医疗 ……

形状记忆合金支架　　　　传统支架

"体内支架"

不同于传统的需要借助球囊扩张的血管医疗支架。将拥有记忆能力的镍钛合金制成的医用支架输入目标血管后，支架在感受到血液温度时就会发生形状恢复，对狭窄病变区起到支撑作用。

"连接固定"

在机械工业领域，形状记忆合金被用来制造各类连接件和紧固件。形状记忆合金接头会在低温下适当膨胀，应用时只需将其套在需要连接的部位，加热后，接头会收缩回初始形状，从而紧紧包覆住需要连接的部位。

形状记忆合金还可以用来做牙齿矫形丝。

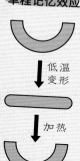

形状记忆效应分类

单程记忆效应	双程记忆效应	全程记忆效应

低温变形 → 加热 → 冷却

一些合金在较低的温度下变形，加热后可恢复变形前的形状，这种形状记忆被称为单程记忆效应。

低温变形 → 加热 → 冷却

一些合金在加热时恢复高温相形状，冷却时又能恢复低温相形状，这种变换称为双程记忆效应。

低温变形 → 加热 → 冷却

加热时恢复高温相形状，冷却后变为形状相同而取向相反的低温相形状，称为全程记忆效应。

金属家族

铜基形状记忆合金	合金晶粒较粗大，综合力学性能较差且形状记忆效应不稳定。
铁基形状记忆合金	易于加工、可焊性较好，但马氏体起始转变温度较低且具有明显的滞后现象。
镍－钛基形状记忆合金	生产成本较高，但形状记忆效应稳定、综合力学性能较好，还具有优良的生物相容性。

"隔振器"

镍钛合金形状记忆合金可以被用来设计建筑或桥梁的隔振器，通过形状记忆合金的变形增加变形位移耗能，有效防止地震能量向上部结构的输送，从而保护上部结构，增强抗震性能。

"抛物面天线"

形状记忆合金可以用来制造航天飞行器展开天线。在室温下用形状记忆合金制成抛物面天线后，将其揉成直径5厘米以下的小团，放入飞行器舱内。到达目的位置后，再借助太阳光照射使其恢复到原抛物面形状，这样做可以利用有限的空间运送体积庞大的天线。

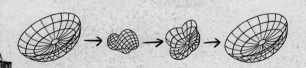

那和我有什么关系？

用形状记忆合金制成的镜框，即使变形，也只需要温水浸泡就能很快恢复原有形状。

好吧，确实和我有关系……

Ⅱ号档案

姓名	液态金属	
定义	因为熔点低而在室温附近或更高一些的常温下呈液态的金属或金属合金。	
优势		**用途与应用**
耐高温程度高 导电性能好 可塑性强 抗氧化能力强 ……		航空工业 电子器件 生物医疗 ……

提起机器人，人们通常想到的便是坚硬又沉重的"钢筋铁骨"，但在很多科幻电影中，常常会出现这样一种"液态金属"机器人：

能够随意改变形状，
穿越狭窄缝隙后迅速恢复原状；
即使身体裂成两半或者被子弹打穿，
也可以很快自动恢复……

现如今，这种机器人虽然还只存在于科幻电影中，但其原材料"液态金属"已逐渐与人们的日常生活紧密相关。

传统金属原子呈有序排列，有晶界，而液态金属原子排列类似非晶体，呈无序状，且无晶界。这一微观结构上的差异使液态金属兼顾了液体的流动性和金属的导电性，成为一种具有独特物理化学性质的功能材料。

孔位　　晶界

晶体

非晶体

常见的液态金属包括汞、铯、钠钾合金、镓及其合金等。由于易挥发、易爆炸以及具有毒性、放射性等弊端，前三种材料在日常生活中不太容易被利用，目前镓金属及其合金是利用率最高的液态金属。

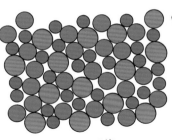

金 属 家 族

"散热"

随着科技的不断进步以及各类电子设备性能的不断提升，越来越高的散热量也对电子元器件的散热有了更高的要求。液态金属最早便被应用于散热领域。

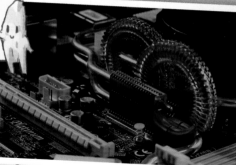

"3D 打印"

3D 打印是一种通过"分层制造、增量成型"的加工方式满足人们对实体物品个性化、定制化需求的先进制造技术。由于液态金属具有高导电性，将其与 3D 打印技术相结合，便可以使各种电子电路功能器件快速成型。

液态金属 3D 打印技术还可以与艺术相结合。如果直接用这种技术打印艺术作品的基底部分，就可以利用其导电性打造出各种光影效果。

那这些和我有什么关系呢……

哎呀！

液态金属冷却技术的原理为：使液态金属直接接触热源和散热器，通过液态金属构成散热回路，将散热源的热量直接传递到散热器中，以达到散热的效果。

相比于传统散热方式：

液态金属凭借其高导热率以及化学性质稳定等特性，大大提高了散热效率。

由于液态金属流动性强，可以直接连接散热源和散热器，结构简单。

液态金属在室温下处于液态状态，能够自然流动和扩散，安全性更高。

① ② ③

"生物医学"

由于液态金属在室温下可以进行固态和液态的随意转换，科学家们研究出了"液态人体外骨骼技术"并将其逐渐应用于骨科临床治疗。

相比于传统石膏固定，液态人体外骨骼支具能够个性化塑形，具有舒适度高、可自由添加药物、可重复使用等优点。

现在就有关系了。

液态金属外骨骼支具存在柔性和刚性两种工作状态。当处于一般状态下，液态金属为常温下液态，此时支具穿戴感舒适，关节处可以灵活弯曲。当处于承重状态时，关节内的液态金属会在半导体制冷器作用下快速固化变硬，起到支撑作用。

纳米是一种长度单位。1纳米是1米的十亿分之一，纳米颗粒的尺寸最多不超过100纳米。当一种物质被做成纳米尺度时，其性质也会发生改变。

III号档案

姓名	金属纳米材料	
定义	三维空间中至少有一维处于纳米范围或由其作为基本单元构成的金属材料。	
优势	**用途与应用**	
使物质原有性质发生改变	冶金 机械 食品安全 国防 ……	

金属家族

纳米尺度下的铜

具有杀死细菌的能力。

纳米尺度下的铁

可作为永磁材料使用。

纳米尺度下的铝

添加到火箭固体燃料推进剂中，可大幅度提高燃料燃烧效率。

随着尺寸减小，颗粒的表面活性增强，更容易与其他原子结合，因此在一定条件下，材料缩小至纳米尺度后，会出现物理化学性质上的变化。

"纳米金属氧化物"

二氧化钛是目前已知的最白的材料之一，可用作食品添加剂，增强食品的白色。纳米二氧化钛除了具备普通二氧化钛的特性之外，口感更加细滑，折射率高、遮盖率强、白色度更好，作为食品添加剂用于食品增白更具优势。目前这种技术多用在糖果、口香糖和蛋糕等甜食类副食品中。

"水处理"

随着时代发展，传统水处理方法成本高、效果不够理想的弊端逐渐显现。纳米尺度下的银能直接进入菌体，使菌体窒息而死。极少的纳米银便可产生强大的杀菌作用，可在数分钟内杀死600多种细菌。纳米银粒径一般在25~50纳米，粒径越小，杀菌抗菌效果越强。

这和我有什么关系？

马上就有关系了。

除外部固定，在日常生活中，人们常常因为一些不可抗因素，必须向人体内部植入一些生物材料以用于骨骼或其他部位的固定和支撑。随着生活水平的提升，这些体内植入物的功能和性能也越来越全面。传统体内植入物材料通常会使患者面临第二次手术取出内固定物的伤害与风险，生物可降解金属材料则可以解决这一问题。

金属植入物在辅助并完成生物组织修复的过程中，会在生物体内逐渐被腐蚀直至完全溶解，同时材料的腐蚀产物对生物体不会产生或只会产生轻微的宿主反应。因此可生物降解金属材料的主要组成元素应为可被生物体通过新陈代谢排出体外，并在生物体内具有一定的腐蚀速率的基本金属元素。

"骨植入物"

骨折愈合过程是骨骼重建其正常功能结构，恢复生物力学及生物学特性的过程，通常需要使用内固定物固定，为骨愈合提供必要的条件。由于这类植入材料要求在受损骨骼康复愈合后从体内消失，避免永久植入体长期存在对人体器官的应力效应及诱发组织器官病变或退化，因此，生物可降解金属被广泛应用于这一领域。

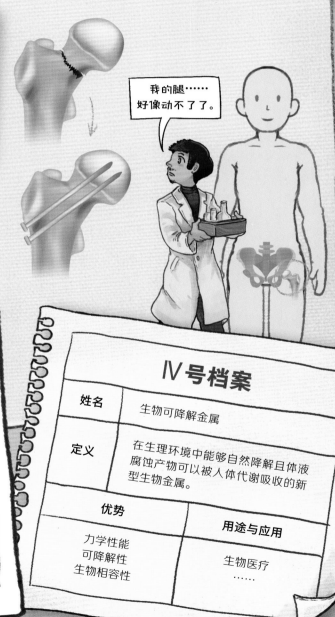

我的腿……好像动不了了。

金属家族

铁	生物相容性优异，但降解速率太慢，具有和永久植入材料同样的缺陷。
镁	密度接近骨骼，已成功转移至临床应用，但腐蚀速率过快，植入期间会导致体液 Ph 值升高，干扰骨骼愈合。
锌合金	可以调节组织细胞良性反应，从而促进人体骨骼愈合及生长发育。但人体对于锌离子耐受有限，其应用可能会对人体产生负面影响。

Ⅳ号档案

姓名	生物可降解金属	
定义	在生理环境中能够自然降解且体液腐蚀产物可以被人体代谢吸收的新型生物金属。	
优势		用途与应用
力学性能 可降解性 生物相容性		生物医疗 ……

主编简介

李帅，北京有色金属研究总院能源所教授级高级工程师。主要从事气体纯化、氢分离材料、阻氢薄膜、电极材料等研究工作，先后承担国家科技重大专项子课题、北京市科技计划、国际科技合作专项等课题任务。在国内外期刊发表学术论文 20 余篇，授权专利 9 项。

绘者简介

奥田一生，国际自由插画家。曾获神户双年展漫画插画组二等奖、第十三届国际插画大赛优秀奖。专注于人物、生物和风景创作，曾为动画、广告、书籍、文具等创作插图。他的作品不仅包含传统绘画的神韵，也有自己独树一帜的创造。